BEI GRIN MACHT SICH IHR WISSEN BEZAHLT

Bibliografische Information der Deutschen Nationalbibliothek:

Die Deutsche Bibliothek verzeichnet diese Publikation in der Deutschen National-
bibliografie; detaillierte bibliografische Daten sind im Internet über http://dnb.d-
nb.de/ abrufbar.

Impressum:

Copyright © 2015 GRIN Verlag, Open Publishing GmbH
Druck und Bindung: Books on Demand GmbH, Norderstedt Germany
ISBN: 978-3-668-16712-4

Dieses Buch bei GRIN:

http://www.grin.com/de/e-book/317197/flaecheninhalt-von-rechtecken-uebung-
und-vertiefung-im-mathematikunterricht

Anonym

Flächeninhalt von Rechtecken. Übung und Vertiefung im Mathematikunterricht (Klasse 4)

Mit ausführlichen Analysen, Verlaufsplan, Tafelbild und Materialien

GRIN Verlag

GRIN - Your knowledge has value

Der GRIN Verlag publiziert seit 1998 wissenschaftliche Arbeiten von Studenten, Hochschullehrern und anderen Akademikern als eBook und gedrucktes Buch. Die Verlagswebsite www.grin.com ist die ideale Plattform zur Veröffentlichung von Hausarbeiten, Abschlussarbeiten, wissenschaftlichen Aufsätzen, Dissertationen und Fachbüchern.

Besuchen Sie uns im Internet:

http://www.grin.com/

http://www.facebook.com/grincom

http://www.twitter.com/grin_com

Ausführlicher Unterrichtsentwurf für den Mathematikunterricht:

Flächeninhalt von Rechtecken

für Klasse 4

Inhaltsverzeichnis

1 Sachanalyse

Die Geometrie ist ein Teilgebiet der Mathematik, welche nach unterschiedlichen Kriterien unterteilt wird. Einen Bereich stellt die Elementargeometrie dar, die in die Planimetrie (ebene Geometrie) und Stereometrie (räumliche Geometrie) aufgeteilt wird. „Zu diesen Gebieten gehört die Beschreibung und Konstruktion geometrischer Figuren und die Messung von Längen, Winkeln, Flächen- und Rauminhalten" (Scheid, 2000, S. 208).

Um auf die wichtigsten Aspekte des der Planimetrie zugeordneten Flächeninhalts eingehen zu können, muss zunächst der Begriff der Fläche definiert werden. Im Brockhaus Naturwissenschaft und Technik ist nachzulesen, dass eine Fläche ein „ebenes oder gekrümmtes Gebilde im Raum" (2003, Stichwort Fläche) ist. Des Weiteren kann sie als „eine zweidimensionale Teilmenge $\mathcal{F} \subset \mathbb{R}^3$" (Walz, 2001, Stichwort Fläche) definiert werden, wobei dies eine nicht notwendige Reduzierung des Flächenbegriffs darstellt (vgl. ebd.). Allgemeiner gefasst „[...] versteht [man] unter einer Fläche eine zweidimensionale Mannigfaltigkeit, d.h., eine Menge M, die in einen beliebigen umgebenden Raum eingebettet ist, und die sich ähnlich wie $\mathcal{F}$ lokal durch Parameterdarstellungen beschreiben läßt" (ebd.). Viele Flächen können mithilfe von Größen wie Kantenlänge, Radius, Seiten, Höhen und Winkel elementargeometrisch beschrieben werden (vgl. ebd., Stichwort Flächeninhalt). Der Flächeninhalt stellt „ein Maß für den Inhalt [...] einer Fläche" (ebd.) dar und gibt die „Größe eines von einem geschlossenen Linienzug begrenzten Teils einer Fläche" (Bibliographisches Institut & F. A. Brockhaus AG, 2003, Stichwort Flächeninhalt) an. Früher war der Buchstabe F gebräuchlich, heute bezeichnet man den Flächeninhalt mit dem Formelzeichen A (lat. area = Fläche) (vgl. Scheid, 2000, S. 169). Ermittelt wird A mithilfe eines Flächenvergleichs. Dabei gibt A an, „wie viel Flächeneinheiten zum Ausfüllen einer Fläche benötigt werden" (Mohry, 2009, S. 107). Die Standardeinheit stellt zumeist ein Quadrat der Seitenlänge 1 dar, woraus erkenntlich ist, dass ein Zusammenhang zwischen Flächen- und Längeneinheit besteht (vgl. ebd.). So ist $1\,m^2$ der Flächeninhalt eines Quadrates von $1\,m$ Seitenlänge (vgl. Borucki, 2005, S. 9). Hieraus ergeben sich die folgenden je nach Größenordnung genutzten Flächeneinheiten mit ihren Umrechnungen:

1 Quadratmillimeter	= 1 mm²	= $\frac{1}{100}$ cm²
1 Quadratzentimeter	= 1 cm²	= 100 mm² = $\frac{1}{100}$ dm²
1 Quadratdezimeter	= 1 dm²	= 100 cm² = $\frac{1}{100}$ m²
1 Quadratmeter	= 1 m²	= 100 dm² = $\frac{1}{1\,000\,000}$ km²
1 Quadratkilometer	= 1 km²	= 1 000 000 m²

Bei Grundstücken und Landgütern verwendet man auch
1 Ar   = 1 a   = 100 m²   = (10 m)²
1 Hektar = 1 ha   = 100 a   = 10 000 m² = (100 m)²

Abb. 1 Flächeneinheiten (Abb. nach Mohry, 2009, S. 108)

Die Ermittlung des Flächeninhalts kann auf verschiedenen Wegen geschehen. Zum einen besteht die Möglichkeit über die Anzahl der Einheitsflächen, die die zu messende Fläche ohne Lücken und Überlappungen ausfüllen, auf A dieser Fläche zu schließen (vgl. Mohry, 2009, S. 108). Zum anderen erfolgt „die rechner. Bestimmung des Flächeninhalts einfacher Flächenstücke [...] in der Elementarmathematik aus einzelnen Bestimmungsstücken dieser Figuren (z. B. Seiten, Höhen beim Dreieck) mithilfe bekannter Formeln oder durch Zerlegung der Flächenstücke in derart berechenbare Flächenstücke" (Bibliographisches Institut & F. A. Brockhaus AG, 2003, Stichwort Flächeninhalt).

Zu den mathematischen Flächen gehören die Vielecke (auch n-Eck, Polygon). Ein Vieleck ist ein „geometr. Gebilde, das in einem geschlossenen Streckenzug n Punkte (Ecken) [...] durch n Linien (Strecken) [...] verbindet" (ebd., Stichwort Vieleck). Die Anzahl der Ecken bestimmt den Namen des jeweiligen n-Ecks (vgl. ebd.). Ein Viereck ist also „ein ebenes Vieleck mit vier Eckpunkten, von denen keine drei auf einer Geraden liegen" (ebd., Stichwort Viereck). Die Ecken eines Vierecks werden zumeist mit A, B, C, D bezeichnet, folglich ergeben sich daraus die Seiten AB, BC, CD, DA und die Diagonalen aus den Strecken AC und BD. Mit den griechischen Buchstaben $\alpha, \beta, \gamma, \delta$ werden die vier Innenwinkel gekennzeichnet, die zusammen immer 360° ergeben (Innenwinkelsumme). Jedes Viereck kann durch eine Diagonale in zwei Dreiecke zerlegt werden. Es wird zwischen Sehnenvierecken (besitzen einen Umkreis) und Tangentenvierecken (besitzen einen Inkreis) unterschieden. Eine Einteilung der Vierecke erfolgt nach ihren Symmetrieeigenschaften (vgl. Scheid, 2000, S. 660).

Das Rechteck ist „ein Viereck mit zwei Paaren gleich langer paralleler Seiten und vier rechten Winkeln" (Bibliographisches Institut & F. A. Brockhaus AG, 2003, Stichwort Rechteck), bei dem sich die gleichlangen Diagonalen halbieren (vgl. ebd.). Es handelt sich um ein Viereck, welches sowohl achsensymmetrisch zu beiden Mittenlinien, als auch punktsymmetrisch ist (vgl. Scheid, 2000, S. 660) und somit einen Spezialfall des Parallelogramms, nämlich eines mit senkrecht aufeinander stehenden Seiten, darstellt (vgl. Walz, 2001, Stichwort Rechteck). „Jedes Rechteck besitzt einen Umkreis" (ebd.) und gehört somit zu den Sehnenvierecken. Die Ermittlung des Flächeninhalts eines Rechtecks mit ganzzahligen Seitenlängen erfolgt über das Abzählen der Messquadrate mit der Seitenlänge 1 (Einheitsquadrate), die auf das Rechteck passen. „Ist x die Länge des Rechtecks, so passen x Quadrate in eine Reihe und ist y die Breite des Rechtecks, so passen y dieser Reihen auf die Rechtecksfläche" (Krauter, 2007, S. 105). Daraus ergibt sich die Formel $A_{Rechteck} = x \cdot y$. Liegen rationale Seitenlängen vor, wird entweder die Teilung des Messquadrats oder die Methode der Streckoperatoren zu Rate gezogen (vgl. ebd., S. 105 f.). Die Berechnungsformel bleibt trotzdem gültig und lautet: „Der Flächeninhalt A_R eines Rechtecks bestimmt sich durch das Produkt der beiden Seitenlängen a und b:

$A_R = a \cdot b$" (Mohry, 2009, S. 110). Ein spezielles Rechteck ist das Quadrat. Es hat vier Seiten gleicher Länge. Somit ist die Ermittlung des Flächeninhalts eines Quadrats identisch mit der eines Rechtecks. Die Formel kann vereinfacht angewendet werden: „Der Flächeninhalt A_Q eines Quadrats der Seitenlänge a ist $A_Q = a^2$" (ebd.).

2   Didaktische Analyse

Der Begriff des Flächeninhalts ist unumstritten Gegenstand des Mathematikunterrichts aller Schularten. Denn es handelt sich hierbei um einen *mathematisch grundlegenden* Begriff, der *innerhalb der Mathematik* auf vielfältige Weise begründet und verwendet wird. Er wird in den meisten *Wissenschaften* benutzt, die sich mathematischer Methoden bedienen, in der *Technik*, in vielen *Berufsfeldern* und in unterschiedlichsten Situationen des *täglichen Lebens* (Vollrath, 1999, S. 191).

Trotzdem haben die meisten SchülerInnen kaum Vorerfahrungen aus ihrem Alltag bezüglich des Flächeninhaltes (vgl. Krauter, 2005a, S. 10), weil sie Flächenmessungen kaum benötigen. Im Gegensatz zu stets präsenten Größen wie Länge (Körpergröße, Länge des Schulwegs etc.), Volumen (z. B. viele Angaben im Lebensmittelbereich) und Gewicht (Körpergewicht, wiegen von Lebensmitteln) nutzen Kinder das Flächenmaß nicht in ihrem täglichem Leben (vgl. Krauter, 2005b, S. 1). „Welche Kinder kennen Zimmer- und Wohnungsgrößen, welche die Flächengröße eines Bauplatzes, eines Sportplatzes, ja nicht einmal die Flächengröße eines DIN-A4-Blattes Papier ist ihnen geläufig" (ebd.). Insbesondere hier sollte angeknüpft werden. Das Vergleichen der Größen ihrer Kinderzimmer beispielsweise könnte für die SchülerInnen einen lebensweltbezogenen Zugang zum Thema schaffen. Auch nach der Behandlung des Flächeninhalts im Unterricht fallen Schwierigkeiten im Umgang damit auf. Dies liegt zum einen an zu wenig getätigten Messvorgängen, die aus dem Fehlen eines standardisierten Messgeräts resultieren. Des Weiteren ist den SchülerInnen häufig nicht bewusst, dass eine Fläche nicht nur aus ihrer Umrahmung, sondern auch aus dem davon umschlossenen Inneren besteht, weil Flächen oftmals lediglich als Linienfiguren präsentiert werden (vgl. ebd., S. 1 f.). Dies führt zwangsläufig dazu, dass die Größen ‚Flächeninhalt' und ‚Umfang' häufig verwechselt werden (vgl. Franke, 2007, S. 267). Auch der Umstand, dass terminologisch keine Unterscheidung von der Figur ‚Fläche' und deren Größe ‚Fläche' (Bsp.: Das Rechteck hat eine Fläche von $12\ m^2$.) getroffen wird, erschwert den Verstehensprozess (vgl. Krauter, 2005b, S. 1 f.).

Gleichwohl gehört der Flächeninhalt zu den geometrischen Größen des Mathematikunterrichts in der Grundschule. Die SchülerInnen „sollen [...] erste Erfahrungen in Sach- und Spielsituationen sammeln, Flächen bzgl. ihrer Größe miteinander vergleichen und Beziehungen zu Umweltsituationen erkennen, so daß geometrische Strukturierungen erkannt werden" (Radatz & Rickmeyer, 1991, S. 70). Dabei bietet dieser Unterrichtsinhalt vielfältige Verknüpfungsmöglichkeiten mit anderen

Fachgebieten, von denen hier einige exemplarisch aufgezählt werden sollen. Im Schulgarten kann das Erlernte Anwendung in der Planung und Bebauung von Beeten oder des gesamten Gartens finden. Die Bedeutsamkeit von Flächen und Flächeninhalt kann im Deutschunterricht mithilfe der Erstellung einer Übersicht zur Wortfamilie verdeutlicht werden. Im Sachunterricht kann der Flächeninhalt eine behilfliche Größe für das Lesen von Landkarten darstellen (vgl. ebd., S. 69). Im Sportunterricht können die für die verschiedenen Spiele benötigten Felder anhand ihrer Größe verglichen werden.

Die von mir zu gestaltende Unterrichtsstunde stellt eine Übungs- und Vertiefungsstunde zum Thema ‚Flächeninhalt' dar. Nachdem meine Kommilitonin in der vorhergehenden Stunde diese Größe begrifflich einführte und Übungen zum Ermitteln des Flächeninhalts mithilfe des Zählens der Einheitsquadrate durchführte, soll dies in der nachfolgenden Stunde mit Übungen und der Einführung der für die SchülerInnen neuen Einheiten Quadratmeter und -zentimeter vertieft behandelt werden. Fachlich ist dieses Thema in das Teilgebiet der Geometrie einzuordnen, welches sich im Rahmenplan Grundschule Mathematik in den Themenfeldern ‚Form und Veränderung' sowie ‚Größen und Messen' wiederfindet (vgl. 2004, S. 21). Relevante Aspekte des erstgenannten Feldes für diese Stunde sind Kenntnisse über Eigenschaften ebener Flächen, von ‚Größen und Messen' sind es die Entwicklung von Größenvorstellungen und das Wissen über Einheiten sowie das Messen von Größen (vgl. ebd., S. 22 ff.). Es ist für die Jahrgangsstufen 3 und 4 im Bereich ‚Form und Veränderung' als Ziel vorgesehen, über die Inhalte „Fläche, Flächeninhalt, Umfang, Einheitsquadrate, Einheitswürfel", „Längen, Flächen und Körper bezüglich ihrer Abmessungen vergleichen [und] den Zusammenhang von Umfang und Flächeninhalt erkennen und beschreiben" (ebd., S. 29) zu können. Unter der Leitidee ‚Raum und Form' der Beschlüsse der KMK werden inhaltsbezogene mathematische Kompetenzen aufgeführt, die in Zusammenhang mit dem Stundenthema stehen. Dass geometrische Figuren erkannt, benannt und dargestellt werden können, muss für das Vergleichen von Flächen- und Rauminhalten vorausgesetzt werden (vgl. 2005, S. 10). Am Ende von Klasse 4 sollen die SchülerInnen „die Flächeninhalte ebener Figuren durch Zerlegen vergleichen und durch Auslegen mit Einheitsflächen messen [sowie] Umfang und Flächeninhalt von ebenen Figuren untersuchen" können (ebd.). Die Größe des Flächeninhalts findet sich nicht in den Inhalten des Themenfeldes ‚Größen und Messen' wieder (vgl. Ministerium für Bildung, Wissenschaft und Kultur Mecklenburg-Vorpommern, 2004, S. 30 f.), da diese erst in den Jahrgängen 5 und 6 der

Orientierungsstufe eingeführt werden soll (vgl. Ministerium für Bildung, Wissenschaft und Kultur Mecklenburg-Vorpommern, 2010, S. 13 f.). Auch in den Bildungsstandards der KMK wird man bei den inhaltsbezogenen mathematischen Kompetenzen unter ‚Größen und Messen' diesbezüglich nicht fündig (vgl. 2005, S. 11). Trotzdem stellte das genutzte Schulbuch „Mathematikus 4" Übungen dazu bereit und die Lehrerin verlangte die Behandlung dessen.

Inhaltlich besitzt diese Mathematikstunde verschiedene Schwerpunkte. Zum einen wird der Begriff der Fläche wiederholend thematisiert werden, weil die vorangegangene Stunde zeigte, dass diesbezüglich Missverständnisse vorhanden sind. Für die SchülerInnen der 4. Klasse sollen Flächen mithilfe ihrer Eigenschaften definiert werden: Sie sind von Begrenzungslinien umschlossen und man kann sie nicht in die Hand nehmen und umfassen, sondern nur darüber streichen, weil sie platt bzw. eben sind. Um den Flächeninhalt soll sich die ganze Stunde drehen. Dieser wurde in der vorhergehenden Stunde als das Maß für die Größe einer Fläche bestimmt und seine quantitative Ermittlung über das Zählen der Einheitsquadrate gelernt. Darauf soll auch dieses Mal eingegangen werden. Zusätzlich wird die Formel zur Berechnung des Flächeninhalts von Rechtecken und Quadraten insofern eingeführt, als dass den SchülerInnen vermittelt wird, dass das Produkt der Länge und Breite des Rechtecks bzw. Quadrates den Flächeninhalt ergibt. Die neuen Größeneinheiten sollen folgendermaßen erklärt werden: Der Flächeninhalt gibt die Anzahl der Einheitsquadrate an, woraus unter Beachtung der angegebenen Längeneinheit der Einheitsquadrate (cm oder m) die Einheit Quadratmeter m^2 bzw. -zentimeter cm^2 entsteht. Diese Inhalte bieten eine Grundlage für die direkt nachfolgende Einführung des Umfangs und der Beziehungen zwischen Umfang und Flächeninhalt, für die Ermittlung des Volumens von Körpern sowie für die vertiefte und abstraktere Beschäftigung mit diesen Größen in der Sekundarstufe I.

Der Einstieg meiner Stunde stellt eine Wiederholung und somit die Sicherung des Ausgangsniveaus dar. Die Inhalte der letzten Stunde werden nochmals durchgegangen, damit die SchülerInnen ihre Vorkenntnisse in Erinnerung rufen. Darauf soll eine Übungsphase folgen, die zur Festigung des eigentlich schon bekannten Stoffs dient. Dies ist notwendig, um im Anschluss auf die neuen Aspekte des Themas ‚Flächeninhalt' (Formel: Länge · Breite, Einheiten: cm^2, m^2) in der Erarbeitungsphase eingehen zu können. Um das neu Gelernte direkt anwenden zu lernen, wird es danach zu einer

Übungsphase kommen, welche dies aufgreift und zugleich eine abschließende Ergebnissicherung darstellen soll.

3 Methodische Analyse

Der Unterrichtseinstieg soll laut Hilbert Meyer „eine *Fragehaltung* wecken [,] [...] die Schüler *neugierig* machen [,] [...] das *Interesse* und die *Aufmerksamkeit* auf das neue Thema, auf das zu lösende Problem [...] lenken [...] [und] die *Vorkenntnisse* und *Vorerfahrungen* zum Thema in Erinnerung rufen" (2005, S. 122). Um diesen Funktionen gerecht werden zu können, werde ich den SchülerInnen von meinem kleinen Neffen Tim aus der 2. Klasse erzählen, der den Begriff ,Flächeninhalt' aufgeschnappt hat und nun neugierig wissen möchte, worum es sich dabei handelt. Die Kinder werden angeregt, Ideen zu entwickeln, um diesen Sachverhalt einem jüngeren Schüler zu erklären und rufen sich dabei gleichzeitig die Inhalte der vorangegangenen Mathematikstunde in Erinnerung. Vor diesem Hintergrund werde ich ein über Lehrerfragen gesteuertes konstruktives Vorgehen nutzen, um den SchülerInnen den Flächeninhalt nochmals begreiflich zu machen. So soll zunächst Tims Frage nach dem Begriff einer Fläche über beispielhafte Flächen (Viereck, Dreieck und Kreis) und deren gemeinsame Eigenschaften beantwortet werden. Dazu werde ich die Flächen an der Tafel visualisieren, um die Gemeinsamkeiten deutlich zu machen. Nach der grundlegenden Begriffsklärung sollen die Kinder Tim sagen, wie man den Flächeninhalt ermittelt (Zählen der Einheitsquadrate) und dies an einem Beispiel (unser Garten) ausführen. Diese Gartenfläche wurde bereits von mir in Einheitsquadrate unterteilt und auf A3-Papier gedruckt. Mithilfe von Magneten soll sie an der Tafel gut sichtbar für alle hängen. Diese Vorbereitung dient zuallererst der Anschaulichkeit. Der gesamte ca. zehn Minuten einnehmende Einstieg erfolgt im Frontalunterricht, weil dieser „[...] *gut geeignet* [ist], um sachliche Zusammenhänge, Probleme und Fragestellungen aus der Sicht des Lehrers darzustellen" (ebd., S. 183) und eingesetzt werden sollte, „wenn eine allgemeine *Orientierungsgrundlage* hergestellt [...] werden soll" (ebd.). Um die wiederholten Inhalte des Einstiegs zu festigen, soll danach eine Übungsphase in Form der Still- und Einzelarbeit anhand eines von mir entwickelten Arbeitsblattes stattfinden. Ich entschied mich gegen die Aufgaben des Schülerbuches „Mathematikus 4", da sie an dieser Stelle nicht sinnvoll in den Stundenverlauf zu integrieren sind, weil sie, meines Erachtens nach, einen zu hohen Schwierigkeitsgrad aufweisen. Das „Üben als zentraler und integraler Bestandteil des Mathematikunterrichts provoziert die sinnhafte und flexible Anwendung und Automatisierung notweniger Grundfertigkeiten in vielfältigen, jeweils leicht veränderten Kontexten, in unterschiedlichsten Alltagssituationen" (Werner, 2013, S. 258) und soll hier mithilfe des Mediums Arbeitsblatt erfolgen, weil dieses u. a. die didaktische Funktion der Vertiefung und Übung hat. Gleichzeitig kann es als ein Ersatz für das Lehrbuch fungieren und „dem Lehrer eine individuelle, phantasiereiche Variation und Konkretisierung der Lehrplan- und Lehrbuch-Vorgaben ermöglichen" (Meyer, 2005, S. 308). Die erste Aufgabe auf dem Arbeitsblatt ist ein Lückentext, der das bereits Besprochene zusammenfasst und eine Übersicht für die SchülerInnen darstellen soll, die sie in ihrem Hefter jederzeit nachschlagen können. Dieser Aufgabentyp ist dem Anforderungsbereich I zuzuordnen, da lediglich Grundwissen erforderlich ist (vgl. Kultusministerkonferenz, 2005, S. 13). Auch die zweite Aufgabe ist mit Grundwissen und Routinetätigkeiten schnell zu lösen. Hier muss lediglich die geringe Anzahl der Einheitsquadrate der einzelnen Flächen zählend ermittelt werden. In der dritten Übung erhöht sich der Schwierigkeitsgrad insofern, als dass die Anzahl der Quadrate größer wird und somit nicht mehr simultan erfasst werden kann. Leistungsschwache SchülerInnen werden über mühseliges Zählen dennoch die richtigen Ergebnisse ermitteln können. Von ihren leistungsstärkeren MitschülerInnen erwarte ich, dass sie Strategien nutzen, um sich die Aufgabenlösung zu vereinfachen. Sie könnten gewisse Anzahlen an Kästchen bündeln oder schon die Anzahl der Einheitsquadrate der Länge und derer der Breite miteinander multiplizieren. Hierbei muss bei a) und d) wiederum ein Teil der Fläche abgezogen werden. Um der Aufgabe einen Praxisbezug zu geben, verknüpfe ich sie mit dem Bild einer gefliesten Terrasse. Die einzelnen Flächen stellen somit Terrassen unterschiedlicher Art dar. In der vierten und letzten Aufgabe sind Wandflächen dargestellt, die gefliest werden sollen. Es sind lediglich die Einheitsquadrate der ersten Reihe der Breite und der Länge dargestellt. Die SchülerInnen müssen die fehlenden Quadrate erstmalig ergänzen, um die benötigte Anzahl der Fliesen herauszubekommen. Spätestens in dieser Übung müssen Zusammenhänge hergestellt werden, sodass sie dem Anforderungsbereich II entspricht (vgl. ebd.). Insgesamt ist das Arbeitsblatt farbig und übersichtlich gestaltet, um die SchülerInnen zum Lösen der Aufgaben zu motivieren und eine gewisse Anschaulichkeit herzustellen. Ich werde in dieser Arbeitsphase den Kindern helfend zur Verfügung stehen und ihnen über die Schulter schauen, um evtl. auftretende Probleme wahrnehmen und die benötigte Zeit einschätzen zu können Da die Aufgaben nur repetitiven Charakter haben und für den Großteil der Klasse schnell zu lösen sein werden, plane ich zehn Minuten dafür ein. Als Maßnahme der Differenzierung soll eine Zusatzaufgabe dienen, welche von den SchülerInnen gelöst werden kann, die schneller fertig sein werden. Während der Bearbeitung des Arbeitsblattes werde ich diese Zusatzaufgabe an die linke hintere Tafelseite schreiben, sodass sie erst sichtbar wird, wenn die SchülerInnen aufstehen und hinter die Tafel sehen. Sie greift den roten Faden der Stunde auf, indem wieder mein kleiner Neffe erwähnt wird. Dieser findet das Zählen der Kästchen anstrengend, woraufhin die SchülerInnen nach einer schnelleren Alternative suchen sollen. Dies stellt gleichzeitig die Hinführung zur Erarbeitungsphase dar. Aber zunächst sollen die Ergebnisse des Arbeitsblattes gemeinsam verglichen werden. Je ein Kind soll die Lösungen einer Aufgabe (inklusive a), b) etc.) vorlesen, um ein zügiges Vorankommen zu erreichen.

Anschließend wird die Tafelseite mit der Zusatzaufgabe von mir umgeklappt und für alle sichtbar gemacht. Die Aufgabe soll noch einmal laut vorgelesen werden, bevor einzelne SchülerInnen ihre Ideen vorstellen können. Ich werde entweder die vorhandenen Ideen aufgreifen und zusammenfassend wiedergeben oder bei Bedarf die Frage selbst beantworten. In der Form des Lehrervortrags können die vorher vorgestellten Ideen am besten gebündelt und für alle verständlich gemacht werden. Auch die Einführung der neuen Einheiten wird in dieser Erarbeitungsphase stattfinden. Das Tafelbild ist wiederum im Mittelpunkt der Geschehnisse und wird, neben dem Arbeitsblatt, zum „Angelpunkt [der] […] ganzen Unterrichtsstunde […], [weil es] den Sach-, Sinn- […] [und] Problemzusammenhang der Stunde grafisch […] [darstellt]. Es hat im wesentlichen die Funktion der Ergebnissicherung" (Meyer, 2005, S. 218). Der Merkkasten auf der Rückseite des Arbeitsblattes soll diesbezüglich unterstützend vorgelesen werden, bevor ein neues Beispiel an der Tafel (Omas Garten) im Klassenverbund mündlich gelöst werden wird. Nach diesen ca. fünf Minuten soll das neu Erlernte in der Anwendungsphase mithilfe von weiteren Aufgaben auf der Rückseite des Arbeitsblattes geübt werden. Dies dient auch der Kontrolle für mich, ob alles verstanden wurde. Je nach vorgerückter Zeit werde ich entscheiden, ob alle oder nur eine der beiden Aufgaben zu lösen sind. In der vierten Übung wird die Übersicht der Tafel und des Merkkastens grafisch aufgegriffen, sodass die SchülerInnen die Handlungen direkt übertragen können.

Fünftens stellt eine Sachaufgabe dar, die thematisch die Fläche von Gärten wieder thematisiert und durch eine Abbildung visuell unterstützt wird. Zwei Gärten sollen anhand ihrer Größe miteinander verglichen und anschließend der Größere benannt werden. Dazu muss im Hefter die Ermittlung des Flächeninhalts über die Multiplikation der Länge und Breite stattfinden. Dies entspricht schon dem Anforderungsbereich II (vgl. Kultusministerkonferenz, 2005, S. 13). Nach der Aufgabenbearbeitung in Einzel- und Stillarbeit werden die Lösungen verglichen und evtl. auftretende Schwierigkeiten besprochen. Insbesondere bei der letzten Aufgabe möchte ich auf den Lösungsweg eingehen.

Damit ist dann das Ende der Unterrichtsstunde erreicht und ich werde die Kinder verabschieden und in die Pause entlassen. Sollte der Stundenverlauf schneller vonstattengehen als geplant, kommt eine meiner beiden didaktischen Reserven zum Einsatz. Hierbei handelt es sich zum einen um eine Aufgabe, bei welcher die SchülerInnen verschiedene Rechtecke mit einem Flächeninhalt von 14 cm^2 auf ein mit 1 cm^2 großen Kästchen bedrucktes Arbeitsblatt zeichnen. Die Größe wurde bewusst so gewählt, dass es nur vier verschiedene Möglichkeiten gibt, um nicht länger als fünf Minuten dafür einplanen zu müssen. Im Fall einer noch größeren Restzeit bis zum Stundenende, werde ich die andere didaktische Reserve nutzen. Die Sachaufgabe handelt von Marie, die sich einen neuen Teppich für ihr Zimmer gekauft hat. Dieser ist unter der Abbildung von Maries Zimmer dargestellt und muss noch zurechtgeschnitten werden, um in den Raum zu passen. Die SchülerInnen sollen ermitteln, wie groß der Teppich sein muss und ihn dann entsprechend ausschneiden und aufkleben. Dafür plane ich mindestens zehn Minuten Bearbeitungszeit ein.

Insgesamt betrachtet stellt diese Unterrichtsstunde methodisch kaum Schwierigkeiten dar. Die Handhabung mit Arbeitsblättern ist den SchülerInnen vertraut, die Aufgabenstellungen sind eindeutig und kindgerecht formuliert und der Ablauf der Stunde ist standardmäßig strukturiert. Die Erreichung der Lernziele wird über die Bewältigung der Aufgaben auf dem Arbeitsblatt kontrolliert und gewährleistet.

4 Verlaufsplanung und Ziele

Zeit	Abschnitte	Lehrerhandlung	Schülerhandlung
10:55	Einstieg Lehrervortrag Frontalunterricht Tafel	Begrüßung der Klasse L. stellt Neffen Tim vor: *Er geht in die 2. Klasse und ist immer furchtbar neugierig. Letztens hat er das Wort ‚Flächeninhalt' aufgeschnappt und fragte mich: „Was ist denn ein Flächeninhalt?".*	hören zu
10:56	Wiederholung Lehrerfragen Frontalunterricht	*Da musste ich überlegen, wie ich das einem Zweitklässler erklären könnte. Habt ihr vielleicht eine Idee?* rechte Tafel aufklappen (innen steht bereits: **Was ist ein Flächeninhalt?**) L. gibt Hinweise Ziel (sinngemäß): Der Flächeninhalt ist das Maß für die Größe einer Fläche. (Satz an Tafel schreiben)	entwickeln Lösungsansätze, Erklärungsmöglichkeiten; sammeln Erinnerungen, Ideen; diskutieren vllt.
11:00	konstruktives Vorgehen	L.: *So, das habe ich Tim auch gesagt. Aber Ruhe gegeben hat er da noch lange nicht. Nun fragte er, was denn überhaupt eine Fläche ist. Was würdet ihr denn auf diese Frage antworten?* linke Tafel aufklappen (innen steht bereits: **Was ist eine Fläche?**) *Welche Flächen kennt ihr?* L. sammelt Nennungen der SuS an Tafel (Flächen skizzieren) und korrigiert ggf. L.: *Was haben diese Flächen denn alle gemeinsam?* Ideen aufnehmen, evtl. kommentieren und gezielt lenken Ziel: man kann sie nicht in die Hand nehmen und umfassen, sondern nur darüber streichen; sind platt/eben; von Begrenzungslinien umschlossen	Bsp. für Flächen nennen (Viereck, Dreieck, Kreis) suchen Gemeinsamkeiten der Flächen (könnte etwas schwer fallen, L. muss wahrscheinlich zur Lösung führen)

11:03	Tafel, Magnete, Skizze vom Garten	L.: *Nun waren die Fragen meines Neffen erst einmal beantwortet und er ging wieder in sein Zimmer. Es dauerte aber gar nicht lange, da kam er wieder zu mir. In der Hand hatte er eine Zeichnung von unserem Garten* (an Tafel befestigen, Mitte links). *Er wollte den Flächeninhalt bestimmen, wusste aber gar nicht wie das gehen soll. Erklärt ihr mal, wie man das macht!* Ziel: Zählen der Quadrate L.: Genau! Und wie viele Quadrate passen nun in unseren Garten?	beschreiben, wie der Flächeninhalt ermittelt wird zählen die Kästchen und ermitteln den Flächeninhalt
11:05	Wiederholung, Übung, Festigung Stillarbeit Einzelarbeit Hinführung Arbeitsblatt (doppelseitig bedruckt, Tafel	L.: *Damit mein Neffe das mit dem Flächeninhalt ein bisschen besser versteht und üben kann, habe ich ihm ein paar Aufgaben gegeben. Und die habe ich euch heute auch mal mitgebracht. Lest euch die Aufgabenstellungen gut durch. Wer Fragen hat, meldet sich, dann komme ich und helfe. Ihr habt jetzt ungefähr 10 Minuten Zeit. Wer früher fertig ist, steht leise auf und guckt hinter diese* Tafel und liest sich die Zusatzaufgabe durch! L. schreibt Zusatzaufgabe an linke äußere Tafelhälfte, guckt den SuS über die Schultern und gibt Hinweise/Hilfestellungen (Zusatzaufgabe: Tim findet das Zählen der Kästchen anstrengend und es dauert ihm zu lange. Findest du einen schnelleren Lösungsweg bei Rechtecken und Quadraten?) vergleichen der Lösungen, Ergebnisse vortragen lassen (je Aufgabe einE SchülerIn), ggf. korrigieren	lösen das Arbeitsblatt nennen ihre Ergebnisse und korrigieren bzw. ergänzen
11:15	Erarbeitungsphase	Tafel umklappen und Zusatzaufgabe vorlesen lassen (falls jmd. Zusatzaufgabe bearbeitet hat, seine Ideen vorstellen lassen) Frage an alle richten	suchen Lösungswege

	Lehrervortrag Frontalunterricht	L. fasst entweder zusammen oder beantwortet Frage selbst: *Man kann den Flächeninhalt von Rechtecken und Quadraten herausbekommen.* (zeigt auf Gartenskizze) *Man zählt erst die Quadrate der Länge, also die von oben nach unten.* (Längepfeil) *Wie viele sind das hier?* (4) *Und dann zählt man die Quadrate der Breite, also diese hier von links nach rechts.* (Breitepfeil) *Wie viele sind das?* (5) *Diese Quadrate sind in Wirklichkeit 1m lang und 1m breit. Wie groß ist also die Länge des Gartens?* (4m) *Und die Breite?* (5m) *Dann multipliziert man die beiden Zahlen miteinander. Es entsteht also die Aufgaben 4m x 5m. Man rechnet die Länge x die Breite. Und wie lautet das Ergebnis?* (20) *Kann das stimmen?* L.: *Diese Quadrate hier sind in Wirklichkeit 1m lang und 1m breit. Das nennt man Quadratmeter. Ein Kästchen ist 1 Quadratmeter groß. Und schreiben tut man das so:* (schreibt an Tafel) *Ein m für Meter und eine kleine 2 oberhalb des m's. Also ist unser Garten 20cm² groß. Wenn die einzelnen Quadrate 1 cm breit und 1 cm lang sind, dann sind sie 1 cm² groß.* (an Tafel schreiben)	verfolgen aufmerksam die Vorgehensweise und beantworten die Fragen
	Tafel, Gartenskizze, Arbeitsblätter, andere Skizze, Magnete	*Dreht mal eure Arbeitsblätter um. Oben seht ihr einen Merkkasten, der das nochmal zeigt.* Omas Garten an Tafel, gemeinsames Lösen der Aufgabe (6m x 3m =18m²)	lesen Merkkasten versuchen, das neu gelernte auf Beispiel anzuwenden
11:20	Anwendungsphase Übung und Kontrolle des Erarbeiteten	*Tim war davon total begeistert und wollte noch ein paar Aufgaben dafür haben. Die seht ihr unter dem Merkkasten. Ich denke mal, wenn mein kleiner Neffe die Aufgaben geschafft hat, schafft ihr das erst recht! Ich gebe euch dafür* **je nach vorgerückter Stundenzeit** *(evtl. auf eine oder zwei Aufgaben beschränken) Minuten.*	Aufgaben auf AB lösen
	Stillarbeit Einzelarbeit	Aufgaben auf AB lösen, vergleichen	
	Arbeitsblätter		

| 11:39 | Abschluss Verabschiedung | *So, ich denke, ihr könnt euren kleinen Geschwistern oder anderen Schülern jetzt ganz super den Flächeninhalt erklären. Ich bedanke mich bei euch für diese Mathestunde und wünsche euch eine schöne Pause. Bis nächste Woche!* |

Didaktische Reserve: s. AB (nicht beidseitig gedruckt) „Teppichaufgabe" und „Rechtecke zeichnen" - Aufgabe wird nach verbleibender Zeit ausgewählt

Lernziele: Kenntnisse (Wissen):

- Die SuS können Beispiele für Flächen nennen (Vierecke, Dreiecke, Kreise) und diese anhand ihrer Merkmale als Fläche beschreiben.
- Die SuS wissen, dass man die Größe einer Fläche Flächeninhalt nennt und dass man diesen über die Anzahl der Quadrate ermittelt.
- Die SuS verwenden erstmals die Einheiten m² und cm² bei der Berechnung des Flächeninhalts.

Fähigkeiten (Handlungen)

- Die SuS sind nach der Wiederholung in der Lage den Flächeninhalt von verschiedenen Flächen über das Auszählen der Quadrate selbstständig zu ermitteln.
- Die SuS können unter Anleitung den Flächeninhalt von Rechtecken und Quadraten über die Multiplikation der Anzahl der Kästchen in der Breite und derer in der Länge berechnen.

5 Arbeitsmaterial

5.1 Tafelbild

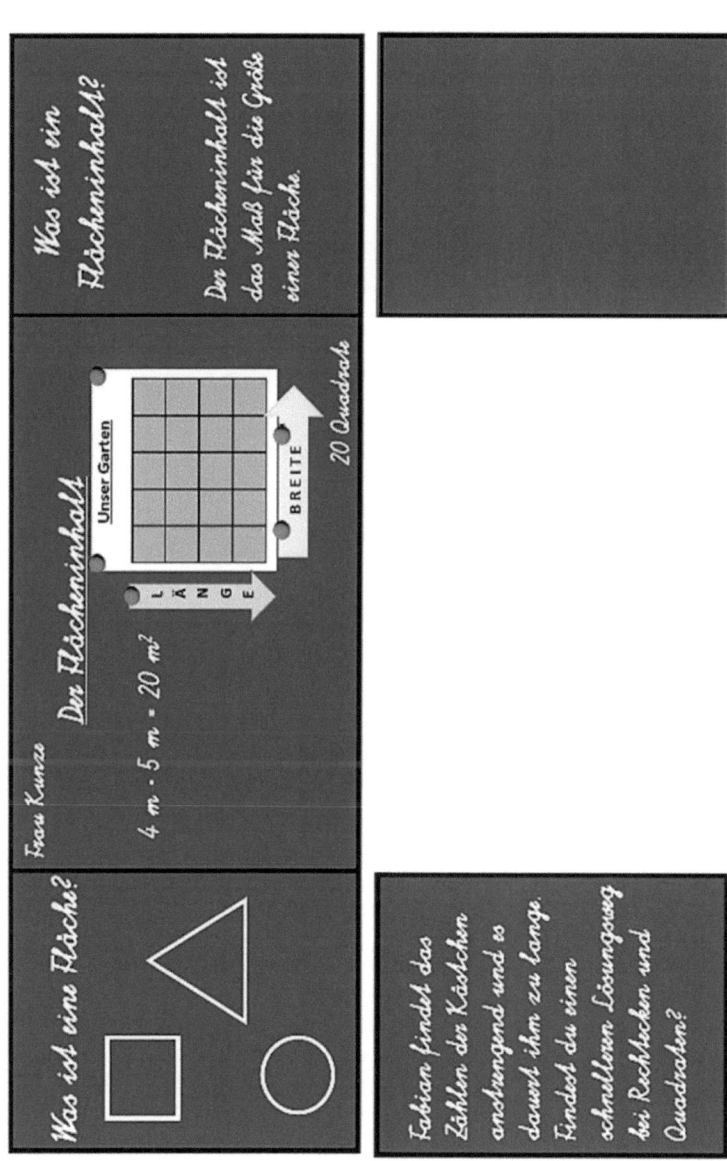

5.2 Tafelbildzubehör (stark verkleinert)

Unser Garten

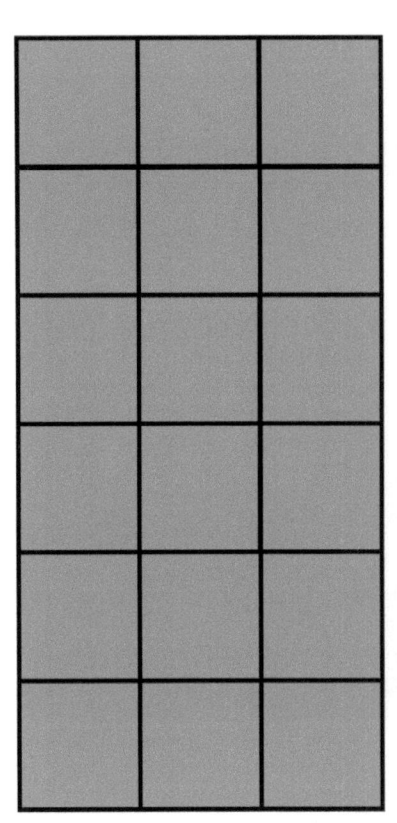

Omas Garten

L
Ä
N
G
E

BREITE

5.3   Arbeitsblatt (beidseitig bedruckt)

Übungen zum Flächeninhalt

1. Weißt du noch alles? *Setze diese Wörter richtig ein:* **Größe, Linien, Quadrate, Flächen, streichen**

Vierecke, Dreiecke und Kreise sind _____. Eine Fläche wird von _____

begrenzt und ist eben. Man kann sie nicht in die Hand nehmen und umfassen,

sondern nur darüber _____.

Von Flächen kann man den Flächeninhalt bestimmen. Dazu zählt man wie viele

_____ in die Fläche passen. Das Ergebnis verrät die

_____ einer Fläche.

2. Wie viele Quadrate passen in die Flächen?

a)   b)   c)

____ Quadrate

____ _____   ____ _____

3. Jedes Quadrat soll eine Platte sein. Wie viele Platten sind es?

a)   b)   c)   d)

____ Platten

____ _____   ____ _____

4. Diese Wandflächen sollen mit Fliesen beklebt werden. Wie viele Fliesen braucht man? Vervollständige die Zeichnung!

3.   b)

____ Fliesen   ____ _____

1

Man kann den Flächeninhalt <u>von Quadraten und Rechtecken</u> auch schneller herausfinden:

1 Kästchen ist 1 cm lang und 1 cm breit, also 1 cm² groß.

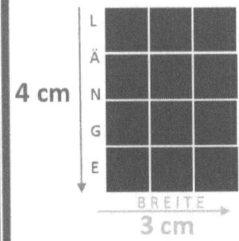

4 cm · 3 cm = 12 cm²

Länge · Breite = Flächeninhalt

5. Wie groß ist der Flächeninhalt? Rechne wie im Merkkasten!

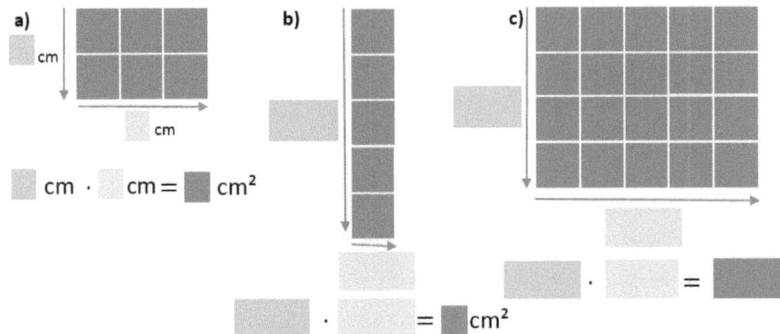

a)

☐ cm · ☐ cm = ☐ cm²

b)

☐ · ☐ = ☐ cm²

c)

☐ · ☐ =

6. Zwei Gärten sind noch frei. Familie Schmidt will den größten Garten. Jedes Kästchen auf dem Plan ist in Wirklichkeit 1 m lang und 1 m breit, also 1 m² groß. Wie groß ist der Flächeninhalt der Gärten? Welchen wird Familie Schmidt wählen? Löse die Aufgabe in deinem Mathematik-Heft.

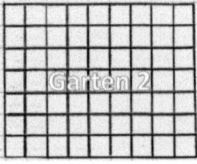

2

5.4   Didaktische Reserve 1 und 2

Flächeninhalt

Marie hat sich einen neuen Teppich für ihr Zimmer gekauft. Leider
passt er nicht ganz und muss für ihr Zimmer zurecht geschnitten
werden. Wie groß muss der Teppich für das Zimmer sein? Schneide
den Teppich so aus, dass er ins Zimmer passt und klebe ihn auf!

Maries Zimmer: 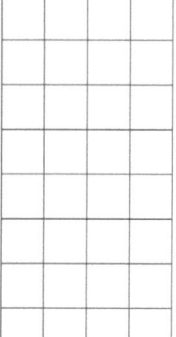   Rechnung:

Der neue Teppich:

Flächeninhalt

Zeichne verschiedene Rechtecke, die 14 cm² groß sind. (Die Kästchen sind 1 cm² groß.)

6 Literaturverzeichnis

Bibliographisches Institut & F. A. Brockhaus AG (Hrsg.) (2003). *Der Brockhaus Naturwissenschaft und Technik* (Version 3.0). Heidelberg: Spektrum Akademischer Verlag.

Borucki, H. (2005). *Flächen und ihre Berechnung 1. Dreiecke und Vierecke* (4., aktualisierte Aufl.). Duden-Schülerhilfen. Mannheim: Dudenverlag.

Franke, M. (2007). *Didaktik der Geometrie in der Grundschule* (2. Aufl.). Mathematik Primar- und Sekundarstufe. Heidelberg, München: Spektrum.

Krauter, S. (2005a). *Größen im Mathematikunterricht,* Pädagogische Hochschule Ludwigsburg. Fachdidaktische Beiträge. Verfügbar unter: http://www.ph-ludwigsburg.de/fileadmin/subsites/2e-imix-t-01/user_files/personal/krauter/kurse/WS_05_06/Pruefungsseminar/Groessen.pdf [5.3.2014].

Krauter, S. (2005b). *Zur Behandlung der Flächeninhalte in den Klassen 5 bis 10.* Fachdidaktik Geometrie. Verfügbar unter: http://www.ph-ludwigsburg.de/fileadmin/subsites/2e-imix-t-01/user_files/personal/krauter/kurse/SS_05/Fachdidaktik_Geom_R_H/Flaecheninhalte.pdf [5.3.2014].

Krauter, S. (2007). *Erlebnis Elementargeometrie. Ein Arbeitsbuch zum selbstständigen und aktiven Entdecken* (korr. Nachdr.). Mathematik Primar- und Sekundarstufe. Heidelberg: Spektrum.

Kultusministerkonferenz (Hrsg.) (2005). *Beschlüsse derr Kultusministerkonferenz. Bildungsstandards im Fach Mathematik für den Primarbereich. Beschluss vom 15.10.2004.* München.

Meyer, H. (2005). *Unterrichtsmethoden. II: Praxisband* (11. Aufl.). Berlin: Cornelsen Scriptor.

Ministerium für Bildung, Wissenschaft und Kultur Mecklenburg-Vorpommern (Hrsg.) (2004). *Rahmenplan Grundschule. Mathematik.* Schwerin.

Ministerium für Bildung, Wissenschaft und Kultur Mecklenburg-Vorpommern (Hrsg.) (2010). *Rahmenplan Mathematik für Jahrgangsstufen 5 und 6 an der Regionalen Schule sowie an der Integrierten Gesamtschule. Erprobungsfassung 2010.* Schwerin.

Mohry, B. (2009). *Mathematik. Geometrie. Kompaktwissen Klasse 5-10.* Pocket Teacher. Berlin: Cornelsen Scriptor.

Radatz, H. & Rickmeyer, K. (1991). *Handbuch für den Geometrieunterricht an Grundschulen.* Hannover: Schroedel.

Scheid, H. (2000). *Rechnen und Mathematik. Das Lexikon für Schule und Praxis* (6., überarb. Aufl.). Mannheim: Dudenverlag.

Vollrath, H.-J. (1999). Ein Modell für das langfristige Lernen des Begriffs "Flächeninhalt". In H. Henning (Hrsg.), *Mathematik lernen durch Handeln und Erfahrung. Festschrift für Heinrich Besuden* (S. 191–198). Oldenburg: Bültmann&Gerriets.

Walz, G. (Hrsg.) (2001). *Lexikon der Mathematik.* Heidelberg, Berlin: Spektrum Akademischer Verlag.

Werner, B. (2013). Mathematikunterricht. In A. Kaiser, D. Schmetz, P. Wachtel & B. Werner (Hrsg.), *Didaktik und Unterricht* (S. 255–259). Stuttgart: Kohlhammer.